AF308626

DISCOURS

PRONONCÉ

A LA SÉANCE PUBLIQUE ANNUELLE

DE LA SOCIÉTÉ D'ÉMULATION DES VOSGES

LE 17 DÉCEMBRE 1885

Par M. GAZIN

Membre Titulaire.

MESSIEURS,

Un des derniers venus parmi vous n'a pas craint d'accepter de prendre la parole dans cette séance solennelle. Je sens en effet tout l'honneur que vous m'avez fait en m'admettant au nombre des membres de la Société d'Emulation, et tout le péril que recèle la tâche que j'entreprends ; mais l'indulgente bonté dont vous avez fait preuve en m'accueillant dans votre compagnie m'est à la fois une récompense et un encouragement, et vous voudrez bien, n'est-ce pas, tenir compte à votre nouveau collègue, sinon du talent qu'il ne saurait se flatter d'avoir, du moins de la bonne volonté qui ne lui fera jamais défaut. La brièveté des considérations que je veux vous soumettre et l'intérêt du sujet auquel elles se réfèrent me vaudront aussi, je l'espère, des droits à votre bienveillance.

Il y a deux ans, à cette même place, un de nos collègues, dont la perte a laissé un douloureux vide dans notre Société et a été ressentie dans le département tout entier, M. Tanant, regrettait que ses occupations ne lui eussent pas permis de réaliser un grand projet qu'il avait formé. Cet infatigable travailleur aurait voulu faire l'historique de la Société d'Emulation, analyser ses travaux, faire le portrait des hommes éminents qui l'ont illustrée. Qui de nous reprendra l'œuvre interrompue ? qui se sentira les qualités nécessaires pour remplir ce vaste programme ? Je ne sais. — Mais ne vous semble-t-il pas, Messieurs, qu'il y aura lieu, dans ce travail, d'insister beaucoup sur le caractère local, je dis le mot à dessein, de notre compagnie, sur la tournure d'esprit spéciale qui caractérise les Vosgiens, sur la saveur de terroir, si je puis m'exprimer ainsi, qui s'attache aux productions littéraires et scientifiques de notre département ?

C'est que le département des Vosges n'est pas une simple expression de géographie administrative, mais qu'au contraire, ses limites sont conformes à la nature des choses, et que son nom répond à une vivante réalité. Pour montrer combien la Constituante avait transformé la France en créant les départements, un homme disait naguère : « On pouvait jadis se proclamer Breton, Normand, Angevin ; comment aujourd'hui se recommander de cette patrie qui s'appelle les Deux-Sèvres ou les Côtes-du-Nord ? » Plus heureux que beaucoup de nos compatriotes, nous avons reçu de notre beau département un nom homogène, un nom qui signifie quelque chose et dont nous sommes fiers à bon droit : celui de Vosgiens.

Chez nous, la grande patrie n'a pas tué la petite : à notre bonheur d'être Français, d'avoir pour aïeux les nobles et vaillants Lorrains d'il y a deux siècles, nous joignons cette joie précieuse et intime d'avoir bien à nous un coin de la terre nationale, un foyer propre dans ce doux pays de France. Nous devons à nos limites naturelles, à nos montagnes, de ne pas avoir été absorbés au point de perdre notre caractère propre. Certes, ce n'est pas un mur qui nous sépare de nos voisins, de nos chers et toujours désirés frères et voisins d'Alsace surtout, mais nous pouvons comparer les Vosges et les Faucilles à ces haies à hauteur d'appui qui, tout en séparant les jardins et les champs, permettent les conversations amies, et n'empêchent ni les mains de s'étreindre, ni les cœurs de s'aimer. Il est donc tout naturel que, dans cette partie de la France, qui avoisine la Champagne, la Franche-Comté et l'Alsace, il se soit formé une race d'hommes ayant ses mœurs, son caractère et son esprit particuliers. C'est cet esprit vosgien que je désirerais, Messieurs, voir étudier dans ses manifestations dans le sein de notre société, et dont j'ai voulu vous entretenir comme du sujet le plus propre à vous intéresser dans cette fête annuelle, devant cet auditoire d'élite si empressé d'applaudir à tous les efforts et à tous les succès des Vosgiens dans la littérature et dans la science.

Dans un beau livre que vous avez été des premiers à apprécier et à récompenser, un savant écrivain, qui est en même temps un artiste et un homme de goût, vous a montré ce qu'étaient les Vosges avant l'histoire. L'homme n'a pu avancer que lentement dans ces forêts épaisses, et ce n'est qu'à regret, pour ainsi dire, qu'il a défriché le sol qu'il voulait habiter. Aujourd'hui encore, nos bois et leurs beautés de toutes sortes sont le plus riche ornement de la terre vosgienne, et toutes nos villes se sont fait de nos forêts une coquette et gracieuse ceinture. Dans nos montagnes, l'aspect de la nature est austère, mais il n'est ni triste, ni sombre ; au calme des hautes chaumes, au silence des forêts de sapins, succède bientôt le frais murmure des ruisseaux dans les vallées, et la verdoyante parure des colliers qui les encadrent. Les eaux de nos lacs n'inquiètent pas le regard par leurs sombres profondeurs, leur azur ne cache aucune légende sinistre, et elles s'écoulent vives, brillantes et sonores. A l'ombre de ces chênes et de ces sapins séculaires, dans ces fraîches vallées, grandit une population saine et vigoureuse, affable et d'humeur gaie, vaillante à la guerre, forte et tenace dans les travaux de la paix. C'est cette ténacité vosgienne, suivant un mot célèbre, qui a contribué en grande partie à nous faire ce que nous sommes, des hommes de travail et de liberté.

Ici, comme partout, le climat, le sol, les nécessités de l'existence, le milieu, en un mot, ont influé sur la race et déterminé certains traits de caractère. Non content de lutter contre un sol trop souvent avare et de lui arracher tout ce qu'il peut produire, le Vosgien a porté son activité dans toutes les branches du travail humain, et la vallée où ne pourra germer la moisson, le coteau sur lequel la vigne ne pourra vivre, verront s'élever des usines et se développer d'importantes industries, et tous, bûcherons, industriels, ouvriers de fabrique, vignerons, cultivateurs, soutiennent sans faiblir un combat dont nous suivons les péripéties aver un intérêt croissant, car il a pour enjeu la prospérité du pays. Et cette ténacité, cette probité natives qui semblent la caractéristique de la race, nos compatriotes les apportent partout où s'exerce leur activité, aussi bien dans le domaine des idées que dans celui des faits. C'est ainsi que vos *Annales* se sont enrichies depuis leur fondation de tant d'œuvres solides, d'études consciencieuses, dont quelques-une ont pu, sous vos yeux, devenir des livres que de hautes récompenses décernées par les corps savants de France ont signalés à l'attention des érudits. Sans doute, les Vosges n'ont pas donné à la France de poètes de haut vol; Gilbert, né dans la partie comtoise du département, confirme par là même notre observation, et notre vénéré Pellet, si son souvenir reste vivant parmi nous, ce ne sont pas ses épîtres, ni sa tragédie de *Constantin le Grand* que nous relisons; son lyrisme mythologique nous laisse froids, mais nous répétons les vers dans lesquels il peint l'aspect du sol natal :

> Salut, disais-je, onde chérie,
> Toi dont la rive est si fleurie,
> Toi dont le cristal est si pur,
> Moselle dont les eaux limpides,
> Tantôt lentes, tantôt rapides,
> Semblent rouler des flots d'azur.

Tout cœur vosgien se sent profondément touché en entendant les accents émus par lesquels notre poète salue son retour au pays :

> Dirai-je, ami, dirai-je mon ivresse,
> Mes pleurs si doux, ma naïve allégresse,
> Lorsqu'aux rayons du troisième matin,
> A mes regards, tel qu'un serpent bleuâtre,
> De nos sommets, le long amphithéâtre
> Se déroule dans l'horizon lointain.

Si on ne trouve pas chez nos compatriotes l'imagination ardente, les dons sublimes qui font les grands poètes, il faut bien le reconnaître aussi, les goûts artistiques commencent seulement à se répandre dans la masse de nos populations. Le département n'a pas produit de peintre hors ligne, je ne parle pas des vivants, car, on l'a dit, « Claude Gelée ne fut « grand paysagiste qu'après avoir trempé son pinceau dans la « lumière de l'Italie et dans la poésie de la mer » (M. Cuny). Les aptitudes musicales surtout sont bien moins développées parmi nous que chez nos voisins d'Alsace, mais vos encouragements, les leçons de nos chers compatriotes, que la guerre de 1870 a rendus vosgiens, ont déjà jeté des semences que le temps fera fructifier.

La lutte quotidienne contre l'âpreté du sol et l'inclémence du ciel a naturellement formé des esprits plutôt calmes que vifs, plus solides que brillants, des hommes d'action plutôt que de pensée ; aussi les chercheurs sagaces, les hommes de gouvernement, se sont toujours rencontrés parmi vous. De là, depuis la Révolution française surtout, tant d'hommes qui ont été à des titres divers l'honneur et la force du pays, depuis le maréchal Victor, Poullain de Grandprey et Boulay de la Meurthe, jusqu'à ces contemporains que vous avez tous nommés et qui apportent dans le maniement des affaires de la France cet esprit d'ordre et de décision, ce bon sens aiguisé qu'ils doivent au pays qui les a vus naître.

Un peu froid et raisonnable dans les actes ordinaires de la vie sociale et domestique, l'esprit vosgien s'échauffe aussitôt dès qu'il s'agit des destinées supérieures de la patrie ; alors apparaît Jeanne d'Arc ; alors surgissent les volontaires de 1792. Cette poésie dont je vous signalais tout à l'heure la rareté dans les œuvres de l'esprit, ne vous semble-t-elle pas couler ici à pleins bords ? Quelle épopée est comparable à la vie de Jeanne d'Arc ?

Continuons donc, Messieurs, les traditions que nous avons reçues de nos pères ; soyons fidèles à leur souvenir, à leur exemple, et notre part sera belle dans ce grand relèvement qui s'accomplit en nous et autour de nous. Aidons nos frères du Nord et de l'Ouest, du Centre et du Midi en leur apportant le concours de nos qualités propres, de notre vigueur native ; collaborons dans la mesure de nos forces et de nos aptitudes à l'œuvre commune, et, de cette réunion de toutes les bonnes volontés, de ce mélange intime de toutes les énergies, de toutes les forces locales, on verra sortir un esprit national, un peuple uni, une France libre et fière.

MESSIEURS,

Une tradition respectée veut que je vous entretienne ici des changements que l'année écoulée a apportés dans le personnel des Membres de notre Société.

La mort nous a fait éprouver des pertes cruelles, et, en première ligne, nous avons à déplorer celle de M. Tanant, l'un de nos vice-présidents. Sur sa tombe, M. le Président a exprimé, en meilleurs termes que je ne pourrais le faire, les regrets que nous éprouvions de la perte d'un collègue aussi distingué par les qualités du cœur que par celles de l'esprit. — M. Tanant faisait partie de la Société d'Emulation depuis le 20 février 1879, et avait été élu vice-président le 20 décembre 1882. Nous lui devons les discours d'usage prononcés aux séances publiques des années 1880, 1881 et 1883. Il débuta par un travail magistral sur la science, sa vulgarisation, sa diffusion et son avancement. Ce sujet lui plaisait ; il voyait dans la science non seulement la satisfaction des plus nobles aspirations de l'homme, mais souvent le grand remède aux souffrances de l'humanité. — En 1881, il nous retraçait à grands traits l'histoire de l'art, de ses origines, de ses progrès. — En 1883, déjà frappé par la maladie, il faisait lire par un collègue une intéressante étude sur la fondation de la Société d'Emulation. Je n'ai pas à faire ici l'éloge de M. Tanant comme homme public, comme magistrat, mais je puis dire que notre Société perd en lui un esprit ouvert aux études scientifiques, curieux, chercheur, un amateur éclairé des beaux-arts, un orateur entraînant.

Nous avons perdu aussi M. Victor Adam. Architecte distingué, beaucoup d'édifices publics et privés, sur tous les points du département, attestent les qualités artistiques et la conscience de constructeur de notre regretté collègue. — Président de la Société d'horticulture des Vosges, M. Adam, malgré ses nombreuses occupations, nous avait fait l'honneur de nous demander, en 1878, de l'associer à nos travaux.

Parmi nos membres associés, la mort nous a enlevé M. Charles-Paul Cabasse, pharmacien à Raon-l'Etape.

M. Dauzat, nommé inspecteur d'Académie à Auxerre, a dû nous quitter.

M. Bretagne, apppelé à Nancy, a cessé d'être membre titulaire, mais son concours nous est toujours acquis, et il reste notre collègue en qualité de membre correspondant.

Nous avons à regretter la démission de M. Mathieu, ancien notaire, ancien vice-président de la Société d'horticulture, membre libre, et de M. Graillet, directeur de l'école normale de Mirecourt, dont les délicates fonctions absorbent tous les instants..

La Société a perdu encore, comme membre titulaire, un agent éminent de l'administration des forêts, M. le Conservateur Gabé, qui, comme la tradition paraît s'en établir, n'a quitté les Vosges que pour occuper les hautes fonctions d'inspecteur général. M. Gabé est resté notre correspondant. En revanche, notre Société a vu venir à elle son successeur à Epinal. M. Burel est, pour plusieurs d'entre nous, une ancienne connaissance. Déjà en 1869, alors qu'il était sous-inspecteur à Châlons-sur-Marne, la Société d'Emulation lui décernait, dans sa séance solennelle du 16 décembre, une médaille d'argent de 1re classe pour un planimètre réducteur.

Après avoir publié en 1884, dans la *Revue des eaux et forêts*, une notice sur la détermination de la possibilité dans les forêts jardinées qui pourra, sans doute, recevoir son application dans nos sapinières, M. le Conservateur Burel a fait paraître, au moment même de son arrivée dans les Vosges, une remarquable étude sur les taillis composés, qu'il a complétée depuis, et dans laquelle il montre, par d'ingénieux procédés de généralisation, comment on peut soumettre à l'analyse algébrique les données complexes du traitement des forêts.

M. Kampmann, chevalier de la Légion d'honneur, juge au Tribunal de commerce, membre de la Commission du Musée, a été reçu membre titulaire. Notre nouveau collègue a importé dans les Vosges une florissante industrie ; ses connaissances en chimie et en minéralogie en font pour nous une précieuse recrue.

La liste des membres titulaires et libres s'est encore accrue des noms de : M. Baradez, substitut près la cour d'assises, docteur en droit, lauréat de la Faculté des lettres de Nancy, magistrat éclairé et libéral, dont ses collègues et les membres du Barreau apprécient les heureux dons naturels et les fortes études juridiques ; M. Teutsch, trésorier-payeur général du département. M. Teutsch est l'auteur d'un mémoire étendu sur le mode de cantonnement suivi par l'administration forestière pour l'extinction des droit d'usage dont jouissaient les habitants de nombreux villages. En 1871, M. Teutsch représenta le Bas-Rhin à l'Assemblée nationale, et, en 1874, nommé député au Parlement allemand par l'arrondissement de Saverne, ce fut lui qui, au nom de tous ses collègues d'Alsace-Lorraine, soutint la motion par laquelle ils demandaient que les populations d'Alsace-Lorraine fussent consultées sur leur annexion à l'Allemagne. Ce devoir accompli, M. Teutsch se retira en France et reprit la qualité de citoyen français.

M. Thouvenin, inspecteur d'Académie des Vosges, agrégé de l'Université, président du Cercle nancéien de la Ligue de l'Enseignement. M. Thouvenin a fait à Nancy, où il était professeur au lycée, des conférences très suivies par le public intelligent et lettré.

M. Charles Mangin, directeur des Contributions indirectes à Epinal. Notre nouveau collègue a publié une notice sur Enguerrand VII, dernier descendant des sires de Bourg, et divers autres travaux insérés dans le *Bulletin* de la Société académique de Laon.

Enfin, vous avez bien voulu recevoir parmi vous, comme membre titulaire, celui qui porte la parole en ce moment.

M. Henry, homme de lettres à Neufchâteau, a été nommé membre associé, et vous avez reçu comme membres correspondants: MM. Charles Denis, caporal-fourrier au 4ᵉ bataillon de chasseurs, à Saint-Nicolas, auteur d'une monographie de Châtillon-sur Saône, membre de la Société archéologique de Lorraine, ainsi que M. Paul Delorme, à Rochevilliers (Haute-Marne), zoologiste, auteur d'un *Essai de faune vosgienne*.

Ainsi, Messieurs, les hommes passent et se succèdent, les institutions subsistent quand elles savent se plier aux modifications que le temps apporte à tous ce qui est l'œuvre de l'homme. C'est ainsi que notre Société, tout en restant fidèle aux lois fondamentales de son établissement, s'est développée en progressant sagement.

Elle est ouverte à tous: tous les hommes de bonne volonté, tous les travailleurs trouveront en elle un centre où leurs productions seront appréciées avec bienveillance et compétence, et où leurs forces individuelles seront centuplées par la puissance de l'association et du travail en commun.

RAPPORT

DE LA

COMMISSION D'AGRICULTURE

Par M. HUOT.

MESSIEURS,

Les Concours pour les primes destinées à l'agriculture en 1885 ont été ouverts par la Société d'Emulation dans l'arrondissement de Mirecourt, avec toute la publicité régulière que comporte un avis de cette nature qui intéresse les cultivateurs à un si haut degré.

En 1880, 41 demandes avaient été présentées dans le même arrondissement, et cette année la Société n'en compte que 19. Votre Commission voyageuse, que des circonstances particulières ont obligée à ne faire les visites que tardivement, a pu néanmoins se renseigner sur le mérite de toutes les demandes des candidats.

Dans l'accomplissement de sa mission, la Commission a eu la satisfaction de voir d'anciennes exploitations importantes parfaitement conduites, mais elle n'a pas été appelée à s'occuper de nouvelles.

Elle a rencontré d'heureuses améliorations et des transformations productives qui méritent d'être signalées aux agriculteurs, avec félicitations aux Lauréats, mais elle a eu en même temps le regret de n'avoir pas vu d'application de l'espèce sur une plus grande échelle, afin de pouvoir faire ressortir les avantages qu'on est en droit d'attendre de ces innovations, avantages qui ne peuvent du reste se démontrer clairement que par la tenue d'une comptabilité régulière qui malheureusement fait presque complètement défaut.

En l'absence de chiffres exacts, la Commission a dû, pour ses appréciations, se baser sur les faits qu'elle a constatés et sur les renseignements généraux de toute nature qu'elle a recueillis, sans que son rapporteur puisse vous transmettre tous les détails sur lesquels elle s'est appuyée pour motiver les propositions soumises à votre décision.

En résumé, de l'ensemble des visites qu'elle a faites et des renseignements qu'elle a recueillis dans sa tournée, votre Commission a été à même de reconnaître que, quoique la disposition du sol de l'arrondissement de Mirecourt ne se prête pas facilement à l'établissement de nouvelles prairies irriguées, les cultivateurs abandonnent petit à petit l'ancienne routine, pour transformer des champs, partout où ils le peuvent, en prairies naturelles ou artificielles, afin de rechercher dans l'élevage du bétail les bénéfices qu'ils ne trouvent plus dans la culture du blé, rendue encore plus onéreuse par le manque de bras.

C'est certainement l'abandon des campagnes par les jeunes gens forts et intelligents qui retarde les améliorations et contribue notablement à aggraver la souffrance de l'agriculture ; aussi, en engageant les cultivateurs à réagir contre cette cause de malaise général dont ils sont les premières victimes, votre rapporteur pense-t-il qu'il ne sera pas sans intérêt et sans utilité de rappeler quelques uns des principaux faits, inconvénients et avantages signalés à l'attention de la Commission, qui trouveront leur place ci-après, dans le but de faire cesser ou tout au moins d'enrayer la tendance d'émigration si ruineuse pour l'habitant des campagnes et si contraire à l'intérêt général.

Exploitations bien dirigées.

Cette question est la plus importante du programme ; elle comporte non seulement la bonne direction d'une grande culture et les améliorations apportées chaque année, mais encore elle porte sur l'outillage, les engrais et le bétail.

Dans cette catégorie, MM. Leblanc, Pâté et Chassard, se sont distingués par des résultats que votre rapporteur va avoir l'honneur de vous exposer.

En priant la Commission de visiter l'importante ferme du Beaufroy de 176 hectares, M. Leblanc ne se présente pas comme concurrent; son seul désir est de donner, dans l'intérêt de l'agriculture, le plus de publicité possible aux améliorations qu'il a entreprises et aux heureux essais qu'il a tentés avec le concours du personnel de l'école, installée dans sa propriété depuis six ans.

Il est regrettable que l'École, qui doit contenir 33 élèves, n'en ait actuellement que 23, parmi lesquels 5 nouveaux seulement ont pris place à la rentrée.

Depuis sa récompense de 1880, M. Leblanc a poussé, jusqu'aux dernières limites du possible, la création des prairies naturelles, et il a considérablement étendu la culture des prairies artificielles.

Les écuries, bien installées, renferment, suivant l'abondance du fourrage, de 45 à 55 têtes de bétail élevé à la ferme.

Une vaste fosse à purin, construite au milieu de la cour, recueille tous les engrais liquides qui sont employés à l'arrosage du fumier et des prés, avec addition de moitié de leur volume d'eau.

A l'exception du semoir, l'École renferme tous les nouveaux instruments aratoires qui fonctionnent à l'entière satisfaction du directeur.

C'est à la ferme du Beaufroy que nous avons vu pour la première fois dans les Vosges un essai d'ensilage, mais la fosse n'étant pas encore ouverte, il n'est pas possible jusqu'alors de se prononcer sur le résultat de l'expérience.

M. Leblanc nous a promis à ce sujet un rapport complet, comprenant en outre tous les détails d'exploitation qui peuvent intéresser le cultivateur ainsi que les prix de revient résultant d'une comptabilité régulière.

Ce sont là des documents de la plus haute importance, qui

sont appelés à faire l'objet d'un article spécial très-utile que nous insérons à la suite de notre rapport.

En somme, on peut dire que c'est de la nourriture des animaux de ferme que M. Leblanc attend la majeure partie de son produit.

Aux médailles d'argent et de vermeil, que M. Leblanc a obtenues en 1869 et en 1875 et au rappel de cette dernière distinction fait au Concours de 1880, nous nous faisons un devoir d'offrir nos remercîments à M. Leblanc ainsi qu'à M. Lebœuf, sous-directeur de l'Ecole, pour les intéressantes explications qu'ils nous ont données sur place, et nous vous proposons d'adresser à ces messieurs les félicitations les plus méritées pour les services qu'ils rendent à l'agriculture.

Depuis 1849, la ferme du Bâtin, près Darney, attire l'attention de la Société d'Emulation par les améliorations successives qu'ont apportées M. Thiriot, régisseur, M. Bailly, propriétaire, et enfin en 1880, M. Pâté qui en exploite les 71 hectares en qualité de locataire depuis 12 ans. A cette époque, ce dernier lauréat a obtenu une médaille d'argent et une prime de 100 fr.

A partir de 1880, M. Pâté a poussé autant qu'il a pu à la production du fourrage ; il a maintenant 26 hectares de prairies naturelles en parfait état et il cultive annuellement 15 hectares de prairies artificielles. Il ne réserve, chaque année, que 8 hectares à la culture du blé et grâce à une fumure exceptionnelle et au renouvellement de sa semence, il est très-satisfait du rendement.

Ses écuries, qui renferment actuellement 44 bêtes à corne et 8 chevaux, sont saines et très-bien tenues ; il fait des élèves, ne graisse que rarement, et vend particulièrement le bétail de commerce, soit vaches, génisses, bœufs ou jeunes chevaux.

Nous aurions aimé à trouver, chez M. Pâté, une comptabilité régulière qui ferait bien mieux ressortir les avantages de sa bonne exploitation, à laquelle il consacre tout son temps avec 4 garçons de ferme, en laissant à Mme Pâté seule la lourde charge des soins du ménage ; mais suivant ce qu'il nous a dit, nous sommes convaincu qu'après son fermage de 2000 fr. payé, ainsi que toutes ses dépenses d'entretien, il lui reste encore chaque année, un bénéfice net suffisamment rémunérateur.

Nous vous proposons, Messieurs, pour M. Pâté, une médaille de vermeil grand module et une prime de 300 fr.

M. Chassard, Aug\te, de La Rue-sous-Harol, travaille depuis 12 ans sans interruption, avec des aides, à l'amélioration des propriétés qu'il possède. Il a exécuté quelques drainages, mais ses travaux principaux, à peine terminés, consistent dans la transformation de deux hectares de champ en pré, au moyen de terrassements importants tant en déblai qu'en remblai, en adoptant une disposition qui permet l'irrigation avec les eaux de pluie détournées d'un chemin communal voisin. Quoique l'irrigation ne soit pas constante, la nature du sol donne l'espoir de pouvoir toujours obtenir un fourrage abondant et de bonne qualité.

M. Chassard a aussi fait quelques plantations, mais il se recommande surtout par la bonne disposition de deux vastes écuries, élevées, aérées et spacieuses, parfaitement tenues, à la sortie desquelles il vient de faire construire deux fosses à purin cimentées, qui lui permettent, à très peu de frais, la fertilisation du pré de 2 hectares attenant à sa maison d'habitation. Chaque année, il cultive en outre à peu près un hectare de prairies artificielles.

L'exploitation de M. Chassard est de moyenne importance : il vend fort peu de blé, d'avoine et de pommes de terre : presque tout son produit lui vient du bétail qu'il élève. Il a actuellement 4 vaches, 6 élèves génisses et taureaux, 2 bœufs, 3 chevaux et un très beau poulain ; il profite des circonstances favorables pour vendre chaque année son superflu.

M. Chassard n'a qu'un fils de 18 ans qui fait ses études ; il est à désirer que le fils soit aussi laborieux que le père et qu'il suive les bons exemples qui lui sont donnés.

Nous vous proposons pour M. Chassard une médaille d'argent de première classe et une prime de 100 francs.

Mémoires ou traités portant sur les diverses branches de l'agriculture locale ou sur des questions d'économie rurale.

Il ne nous est parvenu qu'un seul ouvrage ayant trait à ces questions.

M. le Docteur Liégey, notre collègue qui, si souvent déjà a fait hommage à la Société d'Emulation de ses savantes recherches, vient d'envoyer, pour le concours de 1885, un manuscrit traitant de la multiplication des arbres à cidre dans les Vosges

Cette recherche a été suggérée à son auteur par l'insuffisance toujours croissante du produit de la vigne.

Dans son intéressant travail, M. Liégey passe en revue toutes les boissons usuelles : l'eau, le vin, la bière, le cidre et l'hydromel ; il s'étend longuement sur les avantages et les inconvénients que l'usage de chacune peut présenter suivant les circonstances et le mode de fabrication, et il insiste pour démontrer les dangers de l'abus de la bière, qu'il considère comme la cause de fréquents accès de folie.

En répandant la plantation des arbres à cidre, M. Liégey compte beaucoup sur l'heureuse influence qu'exerce une belle verdure sur le moral des hommes et sur la santé publique, et il est d'avis que le produit du bois ne serait pas à dédaigner,

Enfin, l'auteur conclut à la création de pépinières dans chaque commune pour la propagation, le long des chemins et dans les propriétés particulières, des espèces d'arbres à cidre propres au sol.

Faute d'expérience, il n'est pas démontré que les arbres à cidre doivent réussir et avantageusement produire dans les Vosges ; mais en raison des bons principes et des excellents conseils d'un homme très compétent que renferme le mémoire de M. Liégey, conseils qu'on ne saurait trop répandre, pour engager au moins à faire des essais, nous vous proposons d'accorder au laborieux auteur, une médaille de vermeil, grand module, que nous accompagnerons de nos plus sincères félicitations.

Création et amélioration de prairies régulières, drainage.

Depuis longtemps déjà, les cultivateurs de l'arrondissement de Mirecourt exploitent, en prairies naturelles, tous les terrains qui se prêtaient à une facile irrigation constante; aussi les nouvelles créations de prairies, dont nous avons à nous occuper, ne comportent-elles que des parcelles d'une importance en général bien secondaire, où l'on a exécuté des terrassements le plus économiquement possible pour recueillir les eaux de pluie venant des chemins ou des champs supérieurs et les distribuer suivant les besoins du pré.

Si les travaux de l'espèce ne portent pas sur des surfaces aussi vastes qu'on pourrait le désirer, ils ne témoignent pas moins des efforts et des sacrifices relativement très onéreux que font de petits cultivateurs laborieux et intelligents, qu'il est du devoir de la Société d'encourager et de récompenser dans les limites malheureusement trop restreintes des modestes crédits mis à sa disposition.

Dans cette catégorie, se trouvent sept lauréats, dont nous allons esquisser les travaux.

M. Denet, Jean-Joseph, de Derbamont, s'occupe depuis 30 ans de nivellements de prairies, d'irrigations et de drainages qu'il a entrepris et souvent étudiés lui-même pour le compte des cultivateurs qui ont eu recours à ses connaissances.

Pour ses travaux exécutés avec succès, il a obtenu une médaille de bronze grand module au concours de 1880.

Depuis cette époque, il a mené à bonne fin, en 1881, dans un terrain très accidenté, la création d'une prairie naturelle de 2 hectares 78, sur le territoire de Mirecourt, pour le compte de M. Mersey ; pour le même propriétaire, en 1883, il a transformé en pré une 1re parcelle de 6 ares et en a assaini une seconde qui a nécessité l'ouverture de plus de 500 m. de fossés. En 1882, il a nivelé et transformé en pré 65 ares de terrain improductif au Ménil-en-Xaintois, pour M. Bonnard, ainsi qu'une parcelle de 30 ares, appartenant à M. Aubry.

En 1884, M. Lhuillier, de Ménil-en-Xaintois, lui a confié la création d'un pré de 1 hectare 60 environ, qui a nécessité près de 2000 m. c. de terrassement.

Le 13 novembre 1885, jour de notre visite à Derbamont, cet ouvrier infatigable, malgré ses 73 ans, était encore absent pour entreprendre un nouveau travail.

Les renseignements que nous avons recueillis sur M. Denet sont excellents : il a la confiance de tous ceux qui le connaissent, il jouit de l'estime générale et quoique sans avoir fait d'études spéciales, il est capable dans sa partie.

Nous avons donc tout lieu d'espérer, Messieurs, que vous voudrez bien vous associer aux vœux de votre Commission, en accordant à M. Denet, Jean-Joseph, de Derbamont, une médaille d'argent et une prime de 100 francs, qu'elle a la satisfaction de vous proposer en sa faveur, pour couronner la longue et laborieuse carrière d'un des plus intéressants auxiliaires de l'agriculture.

A une ancienne propriété de 4 hectares en nature de champ, appartenant à M. Colin, Charles-François, de Derbamont, tenait, dans la partie inférieure, le long du ruisseau du bois Gérard, un pré d'environ 50 ares très humide et de très mauvaise qualité.

Avec l'aide de son fils Colin Henry, ancien militaire, auquel il attribue en grande partie l'honneur de l'amélioration entreprise, M. Colin père, depuis 1880, a fait le long de son pré un redressement du lit du ruisseau sur 200 m. de longueur, il a assaini par des drainages les parties les plus humides et il s'est rendu acquéreur de 50 ares de terrains voisins, à peu près improductifs, qu'il a convertis en prairies naturelles.

Les drainages ne sont pas suffisants ; sur certains points, les drains demandent à être doublés, ainsi qu'il l'a reconnu lui-même, néanmoins on peut dire qu'après cette addition, M. Colin aura transformé un hectare d'un terrain de nulle valeur en un pré de bonne qualité.

Autrefois M. Colin n'avait qu'une vache, aujourd'hui il en a deux, deux bœufs et un cheval qu'il peut nourrir avec le produit de son amélioration, et le fourrage qu'il obtient par la culture des prairies artificielles à laquelle il a recours pour diminuer l'emploi de la main d'œuvre : à cette occasion, M. Colin nous a certifié que les deux derniers recensements de la commune avaient accusé chacun une diminution de population de 30 habitants, soit 6 par an et que le prochain dénom-brement donnerait encore au moins autant sur le chiffre total actuel de 220.

Pour tenir compte à ces laborieux cultivateurs des efforts qu'ils font, nous ne doutons pas que la Société d'Emulation accueille la proposition d'une médaille d'argent et d'une prime de 70 francs, que nous présentons en faveur de MM. Colin, Charles-François père, et Colin Henry, fils, cultivateurs à Derbamont.

M. Morquin, Joseph, cultivateur à Relanges, possède environ 5 hectares de terrain. Depuis 25 ans, il travaille seul à l'amélioration de ses propriétés en exécutant les travaux de de nivellements nécessaires, en dirigeant sur ses prés les eaux des chemins dont il peut disposer et en transformant en prés les parcelles qui se prêtent à cette transformation. Il se trouve ainsi largement rétribué du temps qu'il donne à ces divers travaux.

A son avis, ses terrains qui ne valaient en moyenne que 400 francs l'hectare valent aujourd'hui au moins 1500 francs, malgré la diminution de valeur des propriétés.

Il ne cultive que pour lui, il vit de sa culture et du produit de son bétail. Il nourrit 2 vaches, 2 bœufs et 1 cheval et vend encore annuellement du fourrage pour 250 à 300 francs.

Ce n'est certainement pas là un résultat bien brillant, mais c'est une œuvre de constance à encourager par une médaille d'argent et une prime de 70 francs que nous vous proposons d'accorder à M. Morquin, Joseph, cultivateur à Relanges.

M. Brunecher, Théophile, de Relanges, est un jeune homme marié seulement depuis 2 ans. Il a entrepris, en 1881, la mise en prairie naturelle d'un terrain de 1 h. 60 a. 32 c. entièrement improductif. Cette parcelle se trouve à la partie base des champs dans un pli de terrain, recevant en abondance les eaux de pluies qui la ravinaient.

Il n'y avait que trous et buissons; on ne pouvait pas même y mettre le bétail en pâture. Seul il a convenablement réglé le sol; il a recueilli en tête les eaux de pluie qu'il dirige le long de la limite supérieure, de manière à en permettre la facile distribution sur tous les points et depuis un an son pré est en plein rapport.

De l'avis de M. le maire, qui nous a donné les meilleurs renseignements sur le compte de ce zélé cultivateur, la propriété qu'il a améliorée a augmenté d'une valeur d'au moins 1800 francs, ce qui ne représente du reste, pour la rémunération du travail de l'auteur, que 600 francs par an.

Quoique ce soit peu, il se trouve satisfait, et avec un autre pré de 12 ares qu'il possède, il prétend qu'il peut nourrir 4 à 5 vaches.

Pour ce laborieux ouvrier, nous vous proposons une médaille d'argent et une prime de 70 francs.

Les améliorations pour lesquelles M. Grandjean, Albert, se présente au concours, consistent dans un drainage qui a déjà donné lieu cette année à une récompense du Comice agricole de Mirecourt, dans l'amélioration de diverses parcelles de prés par des règlements successifs et récents d'un sol irrégulier et accidenté, et dans la transformation d'un hectare 48 ares de champ en pré d'une bonne apparence.

M. Grandjean possède actuellement 6 hectares de prairie naturelle et 5 hectares de prairie artificielle qu'il tend encore à augmenter pour diminuer ses frais de culture.

Avec ces propriétés, il nourrit aujourd'hui 5 vaches, 5 génisses, 2 bœufs, 6 chevaux et 3 truies. Avant ses améliorations, il n'en nourrissait que moitié.

Il ne vend que le beurre, les élèves qu'il fait des races chevaline et bovine du pays et les porcelets qui, à son dire, entrent pour la majeure partie dans ses bénéfices.

M. Grandjean est un jeune homme d'avenir, il paraît très actif, il fait ce qui dépend de lui pour se plier aux exigences de l'époque, et il est satisfait du rendement de son exploitation.

A M. Grandjean, Albert, cultivateur à Thiraucourt, une médaille d'argent et une prime de 70 francs.

Depuis quelques années, M. Henry, Louis, du Ménil-sous-Harol, travaille à l'amélioration des propriétés de la famille avec son père, qui semble aujourd'hui lui laisser la direction des travaux et de toute sa culture, en lui attribuant le mérite des succès obtenus.

M. Henry a 22 ans, il est actif et intelligent; il aime les expériences qu'il applique peut-être un peu superficiellement, et il a en outre un goût très prononcé pour les recherches archéologiques, qui, il est à craindre, doivent lui prendre beaucoup de temps au détriment des travaux de l'agriculture.

Ce jeune cultivateur vient d'organiser une fosse à purin dont il n'emploie le produit qu'à l'arrosage de son fumier. Nous lui avons fait observer qu'il serait plus avantageux pour lui de varier l'emploi du purin, en l'appliquant en temps utile, avec mélange d'eau, à l'arrosage d'un pré un peu trop sec qu'il a réglé et amélioré près de la maison d'habitation.

M. Henry nous a fait connaître qu'il mélangeait des engrais chimiques à son fumier de ferme et il nous a communiqué le résultat qu'il avait obtenu cette année sur 5 champs d'expériences. D'après ses notes, sur un arc de terrain, avec 6 k. d'engrais complet il aurait obtenu 26 kil. de blé et 40 kil. de paille; avec 5 kil. d'engrais avec chaux, 24 kil. de blé et 33 kil. de paille ; avec 115 kil. de fumier de ferme , 15 kil. de blé et 17 kil. 500 de paille ; avec 5 kil. de superphosphate de chaux , 23 kil. de blé et 33 kil. de paille ; et avec 3 kil. de guano , 19 kil. de blé et 29 kil. de paille. Le rendement avec fumier de ferme nous semble proportionnellement bien moindre, surtout si, comme il le prétend, son fumier de ferme est régulièrement mélangé d'engrais chimiques.

Si M. Henry suit nos conseils, comme nous l'espérons, il prendra un peu du temps qu'il donne à ses recherches pour établir une comptabilité de détail bien régulière, qui lui permette de se rendre un compte très-exact de tout ce qu'il fait.

Toutefois, nous avons constaté que M. Henry fils vient de terminer par règlements, transformation et création nouvelle, l'amélioration de 2 parcelles de pré, contenant ensemble 3 hect. 40.

| Ce travail bien entendu et réussi, commencé il y a 10 ans par son père, lui permet aujourd'hui, avec le fourrage de ses prairies artificielles, de nourrir 2 bœufs, 2 vaches, une génisse et un cheval, et les améliorations obtenues petit à petit sur ses prés peuvent être évaluées de 4 à 5000 francs.

Pour encourager M. Henry à pousuivre ses transformations de champs en pré, ainsi qu'il nous en a témoigné l'intention, nous espérons, Messieurs, que vous voudrez bien ratifier notre proposition d'une médaille de bronze et d'une prime de 50 francs, en faveur de ce jeune agriculteur que nous avons l'espoir de voir se représenter à d'autres concours.

M. Louis, Ferdinand, de La Rue-sous-Harol, a obtenu au concours de 1880, une médaille de bronze et une prime de 30 fr. pour les améliorations qu'il avait apportées à une prairies de 2 hectares, pour la plantation d'une vigne de 10 ares et pour le boisement de 30 ares de terrain improductif.

En 1884, M. Louis a drainé deux parcelles de pré de nulle valeur, contenant ensemble 35 ares et y a mis la charrue pour en faire des chenevières.

En raison de la situation du terrain et de l'humidité constante du sous-sol, le drainage exécuté est loin d'être suffisant, et si le propriétaire a eu cette année une abondante récolte de betteraves dont nous avons admiré la grosseur, c'est particulièrement à la sécheresse de l'été qu'il la doit.

M. Louis ne s'en est pas tenu à ces deux transformations; il a continué par des règlements et l'ouverture de royes d'irrigation les améliorations incomplètes précédemment entreprises dans tous ses prés.

Pour la constance de ses efforts, nous proposons en faveur de M. Louis Ferdinand, de La Rue-sous-Harol, un rappel de médaille et une prime de 30 fr.

Mise en valeur de terrains improductifs par la culture ou le reboisement.

A cette époque, où les propriétés cultivables médiocres ne peuvent même plus être cotées, les terrains improductifs sont plus nombreux que jamais; il y a donc un intérêt général majeur à encourager et récompenser toutes les opérations de reboisements quelles minimes elles soient.

M. Petit, Louis, de Darney, a obtenu en 1880 une médaille d'argent grand module et une prime de 40 fr., pour création de 4 hectares de pré dans un terrain de nulle valeur.

Depuis 1848, il était propriétaire d'un ravin pierreux de 2 hect. 50 livré au pâturage, au grand détriment des repousses de chêne et de charme qui s'y rencontraient.

M. Petit a arrêté le pâturage, il a enlevé la plupart des pierres, il a planté d'abord des épicéas sur la lisière méridionale et, successivement, à l'abri du rideau ainsi créé, il a repiqué des frênes dans la partie basse, diverses essences dans la zône la plus élevée et des épicéas dans tous les vides.

Actuellement, cette première parcelle présente un taillis clair, âgé de 20 ans, surmonté de modernes chênes et parfaitement complété par les résineux.

Ce reboisement se prêtera très bien à des exploitations en taillis procurant le chauffage au propriétaire, tandis que la réserve constituée par les chênes et les épicéas fournira un bois d'œuvre de bonne qualité, si M. Petit procède au plus tôt à l'émondage des chênes, ainsi qu'il en a le projet.

A la suite de cette parcelle, il s'en trouve une 2° d'environ un hectare, autrefois cultivée, dont le sol en pente douce, est plus fertile, et qui a été boisée il y a 30 ans en charmes avec lisière d'épicéas au sud. M. Petit s'occupe actuellement d'introduire en mélange, des épicéas qu'il dégage par l'exploitation progressive des feuillus, et qui constitueront la réserve du massif.

Enfin, deux parcelles ensemble de un hectare, également contigües à celle-ci, du côté de l'ouest, en mêmes sol et situation, ont été repeuplées en épicéas de 1877 à 1880. La plantation la plus âgée est très complète et en pleine croissance, la seconde, quoique également serrée, lutte encore contre les herbes qui disparaîtront lorsque ceux-ci seront devenus assez grands pour les étouffer.

Les plants ont été tirés, soit des pépinières entretenues par le service forestier dans les forêts communales, soit d'une pépinière que M. Petit a installée dans son domaine.

En résumé, par ses travaux, M. Petit a obtenu, dans de très bonnes conditions, un bois de 4 hect. 50, et il est arrivé à ce résultat par des soins constants, minutieux même, poursuivis depuis 30 ans avec une grande ténacité et une parfaite intelligence du but à atteindre et des exigences de la végétation forestière.

Son exemple mérite d'être cité comme modèle à tous les propriétaires de terrains peu productifs ; son œuvre est à peu près achevée et elle justifie la demande d'une médaille d'argent et d'une prime de 40 francs, que nous sollicitons pour lui.

En se présentant comme candidat aux récompenses de 1885, pour le boisement et le reboisement de 4 hect. 80 ares de terrain, M. Collardé-Martin, de Darney, cite d'abord à Marey, canton de Lamarche, une parcelle de 60 ares repiquée en épicéas qui lui a valu, en 1883, une récompense du Comice agricole de Neufchâteau. Cette mise en valeur n'étant pas dans l'arrondissement de Mirecourt, ne doit pas entrer en ligne avec celles qui suivent.

Vient ensuite un bois de haute futaie, essence hêtre, avec quelques chênes de la contenance de deux hectares, situé au Génévoivre, commune de Belrupt près Darney, provenant du cantonnement amiable des droits d'usage. Les exploitations pratiquées par le propriétaire, depuis 1858, n'ont consisté qu'en éclaircies un peu fortes, à la suite desquelles des semis de hêtres se sont produits sur tous les points.

M. Collardé, voyant que ces semis restaient bas, tandis que des pins weymouths précédemment introduits, croissaient avec vigueur, crut faire une bonne opération en constituant un sous-étage d'épicéas. Ces résineux prospèrent, mais suivant l'avis des hommes compétents, il aurait été plus productif de pousser au développement du semis par des éclaircis, que de faire les frais considérables de repiquement d'environ 30,000 épicéas.

D'un terrain médiocre de 2 hect. 40 cent. près de Darney, que M. Collardé a acquis en 1878, le propriétaire a fait 1 hect. 60 ares de prairie naturelle et 80 ares de jardin d'agrément avec bosquets renfermant les essences les plus variées.

Grâce à des soins bien entendus, le succès est complet, et l'œuvre ne mérite que des éloges.

Enfin, M. Collardé se félicite, et avec raison, du boisement, en 1881, d'un terrain de 1 hect. 60 a. situé sur le territoire de Senonges. Les essences auxquelles le pétitionnaire a eu recours pour le mettre en valeur, sont bien choisies et le boisement est à peu près terminé aujourd'hui.

Nous espérons que la médaille d'argent que nous vous proposons pour M. Collardé-Martin, propriétaire à Darney, engagera cet amateur zélé à poursuivre les mises en valeur qu'il a entreprises avec succès.

Mme Vilminot, Marie, veuve Brunecher Charles, de Relanges, est propriétaire d'une parcelle de 40 ares 88 centiares, à la lisière de la forêt de Relanges, près de la route de Darney à Vittel,

Le terrain dont il s'agit a été acheté par Madame Brunecher il y a vingt ans. Après des essais de culture infructueuse et une récolte d'avoine peu rémunératrice, elle en a entrepris, avec l'aide de son fils, le boisement en épicéas.

Les plans, fournis par les pépinières du service forestier, furent mis en terre isolément, en plusieurs années, dans des trous espacés d'environ 1 mètre.

Actuellement, la plantation offre l'aspect le plus satisfaisant; les plants, âgés de 15 à 18 ans, forment un fourré impénétrable ; la plupart sont très élevés et très bien venants malgré la mauvaise qualité du sol.

Quelque peu importante que soit la surface boisée, on ne peut se défendre d'une certaine émotion à la pensée des peines que l'opération a coûtées à une femme dans une position peu aisée, avec l'aide de son fils seul. On admire la clairvoyance dont cette laborieuse mère de famille a fait preuve dans l'emploi du seul moyen de mettre en valeur une terre improductive et les efforts tenaces qui ont conduit au succès, ne seront que médiocrement récompensés par la médaille de bronze et la prime de 30 fr. que nous vous proposons d'allouer à Madame Brunecher.

M. Georges, Gaspard, de Darney, avait en ville le long du

ruisseau, une ancienne carrière abandonnée, dans un terrain rocheux, raviné, et complétement improductif, d'une contenance totale de 57 ares.

Il y a 12 ans, il a entrepris la mise en valeur de cette parcelle au moyen de défrichements, de défoncements, de drainages du sous-sol, de nivellements très importants, et il a terminé ses travaux, complètement achevés depuis 3 ou 4 ans, par des murs de soutènement et des clôtures en haies vives en parfait état.

La parcelle en question est divisée en trois parties : la partie inférieure, contenant 17 ares, est convertie en jardin potager emplanté d'arbres fruitiers très vigoureux et d'une tenue remarquable, qui a valu cette année au propriétaire une récompense de la Société d'Horticulture de Mirecourt.

Le milieu en terrasse, d'une contenance de 22 ares, est réservé à la culture des gros légumes qui réussissent parfaitement dans une terre nouvellement rapportée.

Enfin, les 18 ares de la partie supérieure, à l'emplacement de la carrière, sont boisés depuis longtemps et renferment des arbres d'essences variées d'une très belle venue.

Tout ce travail a été fait petit à petit par des ouvriers que M. Georges dirigeait.

Nous ne connaissons pas les frais exigés pour cette mise en valeur, mais nous sommes convaincu que le produit est loin d'être rémunérateur des dépenses faites.

Néanmoins, nous devons dire que la réussite est complète, car le sacrifice qu'a pu facilement faire M. Georges pour la création d'une propriété de produit et d'agrément, qui témoigne du goût et de l'activité de l'auteur, est largement compensé par la satisfaction qu'il y trouve et l'excellent exemple qu'il a donné à tous ceux qui peuvent entreprendre d'utiles et agréables améliorations de l'espèce.

Avec des félicitations bien méritées, nous vous proposons, Messieurs, d'accorder à M. Georges Gaspard une médaille d'argent.

Apiculture.

Les petits produits secondaires de la campagne sont généralement trop négligés par les jeunes gens qui pourraient facilement y trouver une source de bien être à laquelle ils ne songent pas.

Au lieu d'entrer à ce sujet dans des considération qui nous conduiraient trop loin, nous ne pouvons mieux faire pour venir à l'appui de ce que nous avançons et convaincre les incrédules que de citer l'exemple donné par M. Defrance, Ernest, de Langley, fils d'un de nos collègues.

Votre Commission, Messieurs, a recueilli avec le plus vif intérêt, les renseignements que lui a fournis M. Defrance Ernest, cultivateur à Langley, sur les soins qu'il a donnés à sa petite industrie.

M. Defrance n'a que 25 ans ; il a commencé à s'occuper des abeilles avec son père qui lui a donné d'excellents principes, et, depuis cinq ans, il soigne seul le rucher qu'il nous a fait voir.

Son rucher attenant, dans le jardin, à la maison d'habitation, est très bien disposé et d'une propreté irréprochable ; il contient seulement 31 paniers sur 2 rayons, mais les essaims ayant bien réussi, il a en dehors 4 ruches rustiques couvertes, les unes en planches et les autres en paille, avec une disposition qui permet très facilement de les rentrer l'hiver sous le rucher principal.

M. Defrance ne fait pas usage de boîtes avec judas destiné à juger de l'avancement des travaux des abeilles ; il emploie les paniers ordinaires en paille avec rehausses mobiles de même nature ; mais il prépare, suivant le nouveau système, les cadres intérieures qui doivent recevoir les rayons du miel de choix.

A son avis, avec la paille solidement tressée, on évite plus facilement qu'avec la planche, les accidents résultant du froid et de l'humidité.

Il confectionne les tresses en paille avec un petit appareil

de son invention fournissant rapidement un travail très solide.
Il fait un panier en deux heures dans une soirée ; il n'y travaille qu'en hiver, après le souper, lorsqu'il ne peut plus rien
faire autre chose.

Connaissant exactement le poids d'un panier rempli, une
pesée lui indique le moment où une rehausse devient néces-
saire.

Chaque panier lui produit environ 6 kilos, soit au moins
180 kilos pour 30 paniers; le prix de vente est de 2 fr. le kilo
pour le miel commun, et de 2 fr 50 pour le miel de choix ;
c'est-à-dire que le rendement total est d'environ 400 francs
par an.

Pour obtenir ce produit, les menues fournitures qu'il
emploie n'exigent pas grande dépense; tout se réduit à son
travail. Or, un mois seulement, il faut surveiller les essaims
et soigner les abeilles pendant une heure ou deux par jour;
le reste de l'été, un coup d'œil suffit de temps en temps, et la
fonte du miel se fait seule dans un appareil également de son
invention, au moyen d'un châssis en bois avec récipient en
métal, sous une claie et un couvercle en verre fermant hermé-
tiquement de manière à concentrer la chaleur du soleil. Ce
système a l'avantage de présenter toutes les garanties de
pureté et de propreté désirables, sans exiger l'emploi d'aucune
main-d'œuvre.

Tout compte fait, ce n'est pas exagérer que d'évaluer à
300 fr., défalcation faite du prix de son temps, le bénéfice net
que M. Defrance a retiré jusqu'alors de sa petite industrie
particulières, qui ne gêne en aucune manière ses travaux de
cultivateur ; car cette dernière campagne, M. Defrance a
obtenu du miel pour 437 fr., et il a eu en outre 10 essaims à
10 fr. l'un, soit 100 fr., qui le paient largement de son travail
et de ses faux frais.

L'apiculture exploitée sur une aussi petite échelle n'est
évidemment pas une industrie qui se recommande par son
produit important, mais c'est un moyen, par une occupation

agréable, à temps perdu, sans fatigue et sans entraver les travaux de l'agriculture, de se procurer chaque année une recette supplémentaire qui constitue, pour des jeunes gens, une épargne de grande valeur.

On ne se rend pas assez compte des avantages que présente une petite industrie de l'espèce pour ceux qui, suivant leur goût ou leur aptitude, peuvent s'occuper d'apiculture, d'arboriculture, de distillation ou d'élevage des animaux de basse-cour, et on perd souvent de vue que la modique somme de 100 fr. déposée annuellement à la caisse d'épargne pendant une période de 30 ans, au minime intérêt de 3 1/2 p. 0/0, produit au titulaire un capital de 5,160 fr. soit en nombre rond de 15,500 fr. pour un dépôt annuel de 300 fr.

C'est, pour l'avenir, une source de bien être à laquelle le campagnard a plus de facilité de puiser que l'habitant des villes ; aussi votre Commission croit-elle qu'il y a un intérêt sérieux à signaler, à répandre et à encourager de semblables occupations, et en vous proposant d'accorder une médaille d'argent et une prime de 60 fr. à M. Defrance Ernest, elle a non-seulement la satisfaction de voir récomser un lauréat aussi méritant, mais en outre, elle a lieu d'espérer que ce bon exemple sera suivi par tous les jeunes gens des campagnes, qui comprendront quels profits ils peuvent retirer d'agréables distractions analogues.

Bons services ruraux.

La désertion des campagnes rend de plus en plus rares et précieux les bons services ruraux.

Aussi, est-ce avec la plus vive satisfaction que nous avons recueilli les meilleurs renseignements sur les trois candidats suivants, que nous vous proposons de récompenser.

Mademoiselle Rosalie Joyeux, née à Charmois l'Orgueilleux le 28 mai 1824, est depuis 32 ans au service de M. Chassard

Séraphin, cultivateur à Harol. Toutes les personnes qui la connaissent la citent pour sa bonne conduite, son zèle et l'intérêt qu'elle porte à son maître, et M. le Maire de la commune la recommande tout particulièrement à la sollicitude de la Société d'Emulation.

Aujourd'hui, courbée plutôt par l'excès du travail que par les années, elle donne encore aux champs tout le temps que lui laisse le service de la maison.

A Mademoiselle Rosalie Joyeux, une médaille d'argent et une prime de 50 francs.

M. Aubry, Joseph, né à Escles le 19 mars 1834, est depuis 24 ans au service de M. Henry François, cultivateur à La Rue-sous-Harol, qui nous a donné sur son compte les meilleurs renseignements. Il est très honnête, actif et laborieux et s'occupe à la fois du bétail et des travaux de culture.

Il ne possédait absolument rien en entrant à la maison, et il a économisé près de 4000 fr. avec 320 fr. de gage.

Le Comice agricole de Darney l'a déjà récompensé en 1874, par une prime de 20 fr. et le Comice de Dompaire lui a accordé la même prime en 1881.

Son zèle ne s'étant pas ralenti, nous vous proposons pour M. Aubry, en récompense de ses longs et bons services, une médaille de bronze et une prime de 30 francs.

M. Vauthier, Eugène, âgé de 44 ans, signalé par Mme Martin Mélanie, demeurant à La Neuveville-sous-Montfort, comme domestique, d'une conduite irréprochable, s'occupant depuis 23 ans avec le zèle le plus louable de tous ses travaux de culture, en donnant en même temps ses soins à la maison, mérite pour ses bons et loyaux services la médaille de bronze et la prime de 20 fr. que nous proposons pour lui.

Prix Claudel.

Nous terminerons cette nomenclature des récompenses à accorder aux lauréats des Concours d'agriculture en 1885, par la proposition de la médaille de vermeil du prix Claudel en faveur de M. Drouin Désiré, cultivateur et maire du Ménil-en Xaintois, pour une innovation agricole apportée par lui dans sa commune ; et nous croyons qu'il ne sera pas sans utilité de donner connaissance des motifs qui l'ont déterminé à entreprendre ses essais.

M. Drouin, en nous parlant de la dépopulation des campagnes et de sa commune en particulier, se plaignait de ce que depuis longtemps déjà, le produit de la location des champs était à peu près nul.

Il nous disait qu'on avait peine à louer l'hectare de champ au prix de 15 fr. ; que les bras manquaient de plus en plus; que depuis dix ans, six maisons de cultivateurs étaient fermées au Ménil.

Il ajoutait qu'à sa connaissance, depuis six ans, sept jeunes gens robustes avaient quitté le village pour aller en partie à Paris; que trois étaient revenus misérables en jurant bien qu'on ne les y reprendrait plus; que trois autres étaient encore à Paris dans le dernier dénuement et qu'un seul qui avait réussi aurait, à son avis, encore beaucoup mieux fait de rester, attendu qu'avec sa conduite et son activité il aurait trouvé sans dérangement une position plus libre et au moins aussi avantageuse.

Dans ces circonstances, M. Drouin ne trouvant plus les auxiliaires nécessaires à sa culture, a eu recours à la transformation de champs en prés qui lui a valu en 1879, du Comice agricole, un premier prix avec médaille d'argent.

Il simplifiait ainsi sa main d'œuvre, et pour la diminuer encore davantage, il a échangé 39 parcelles, de manière à se compléter avec les pièces qu'il possédait déjà, un terrain d'un seul contexte de la plus grande contenance possible, où il pouvait trouver un peu d'eau pour l'abreuvage du bétail.

Ces échanges faits, il a procédé au nivellement des champs et à la création de prairies artificielles qu'il a récoltées pendant 2 ans. Il est arrivé ainsi à obtenir 3 grandes parcelles, la 1re de 5 hect. 1/2, la seconde de 4 hectares et la 3e de 1 hect. ; il les a entourées d'une palissade solide qui lui revient à 1 fr. le mètre courant, et depuis 1880, il y met du bétail maigre en pâture pour le vendre quand il est gras.

Suivant sa déclaration, les frais de toute nature qu'il a faits pour mise en prairie et clôture, se sont élevés à 700 fr. par hectare et il a donné à son terrain, une plus-value d'au moins 2000 francs.

Quant au produit annuel, il le fait ressortir encore comme beaucoup plus avantageux. A la fin d'avril, dit-il, il parque, sur ses prés clos, des vaches maigres de 5 à 8 ans, au nombre de 2 têtes par hectare ; il les a payées de 160 à 200 fr. la pièce et à la fin d'août il les revend en moyenne 300 fr., soit un produit de 200 fr. par hectare, sans frais de main d'œuvre ni même de gardien, car il prétend qu'il suffit d'une visite de temps en temps à son bétail puisqu'il ne le rentre jamais.

Nous n'avons pas caché à M. Drouin la surprise que nous causaient des résultats aussi avantageux, en lui faisant en même temps observer que si ses essais lui avaient réussi jusqu'à présent, il pouvait d'un moment à l'autre, par des pertes très sérieuses, éprouver de grandes déceptions.

Dans tous les cas, il n'est pas moins certain que l'innovation apportée par M. Drouin lui donnera toujours un très bon rendement, soit par une seule coupe de ses prés secs, soit par le parcage, le jour seulement, de tout le bétail qu'il y met en graisse.

A M. Drouin, la médaille de vermeil pour son introduction dans le pays, d'un nouveau mode d'exploitation, dont la réussite, si elle est confirmée par l'expérience, est appelée à rendre de grands services à l'agriculture.

RENSEIGNEMENTS DE M. LEBLANC

La ferme du Beaufroy se composait en 1861 de :

Forêt.	132 h. 28 a. 41 c.	
Terres labourables . . .	38. 96. 07.	
Prairies naturelles . . .	1. 25. »	176 h. 22 a. 91 c.
Maisons, jardins et dé-		
pendances.	2. 58. 43.	
Chemins d'exploitation .	1. 15. »	

En 1885, la transformation comporte :

Forêt.	75 h. 52 a. 56 c.	
Digue avec drainage . .	2. 07. 96.	
Terres labourables . . .	36. 17. 96.	
Prairies naturelles . . .	28. » »	
Prairies temporaires . .	24. 32. »	176 h. 22 a. 91 c.
Prairies artificielles. . .	2. » »	
Maisons, jardins et dé-		
pendances.	4. 58. 43.	
Chemins d'exploitation .	3. 54. »	

Il a été fait 5000 mètres de drainages, dont une partie sert à alimenter une fontaine qui coule dans les vacheries.

Inventaires à l'entrée en 1861.	7535,00
Inventaire au 1er janvier 1885.	70580,00
Bétail poids vif à l'hectare	385 kil.

Il a été construit, derrière la place à fumier, une fosse à purin d'une contenance de 35 mètres cubes, avec lieux d'aisances au-dessus et conduits partant de toutes les écuries.

Tous les deux jours, le fumier est arrosé au moyen d'une pompe aspirante et foulante ; le surplus est conduit sur les compots et sur les prairies naturelles.

En 1882, au moyen de deux arrosages à raison de trois litres au mètre superficiel chaque arrosage, on a obtenu 2 m. 60 de hauteur de luzerne en trois coupes ; la 4e avait encore de trente à quarante centimètres quand elle a été livrée au pâturage.

L'assolement triennal est abandonnée ; celui pratiqué à la ferme est le suivant :

1re année — Jachère morte avec fumure : 30,000 kil.
2e   id.   — Colza.
3e   id.   — Blé.
4e   id.   — Trèfle.
5e   id.   — Avoine.
6e   id.   — Plantes sarclées ou vesces, fumure : 30,000 kil.
7e   id.   — Blé d'automne ou de printemps dans lequel on sème une prairie temporaire au printemps.
8e   id.   — Prairie temporaire fauchée 2 fois.
9e   id.   —   id.   fauchée une fois et livrée ensuite au pâturage.
10e, 11e, 12e et 13e année, — Prairie clôturée et livrée au pâturage.

Frais de culture et rendement à l'hectare.

Prix de revient moyen de 5 ans de 1879 à 1883;

Blé, à l'hectare de 6 hectolitre 92 , à 22 hectolitre 50,
Prix moyen de l'hectolitre . . . . 21 fr. 05.
Avoine ordinaire de 14 hect. 10 a à 35 hect. 00 (poids 42 k.)
Prix moyen de l'hectolitre . . . . 7 fr. 10.
   Cette avoine est abandonnée.
Avoine blanche de Sibérie : de 24 hect. 80 à 60 hect. 80,
(poids 42 kil.) à . . . . 3 fr. 80.

   Sa culture a commencé il y a 7 ans, et c'est aujourd'hui la seule cultivée à la ferme.
Colza à l'hect. de 8 à 20 quintaux, l'hectolitre . . . 16 f. 00.
Pommes de terre, 185 hect.   id.   . . . .   2 75.
Betterave de 25 à 30,000 kil. les 1000 kil. . . . . . 20 00.
Vigne, à l'hect., 16 hectolitres, l'hectolitre . . . . 36 65.
Prés naturels, à l'hect. 3000 kil., les 1000 kil.. . . 42 00.
Prés artificiels id.   5000   id.   . . . . 33 20.

Vacherie.

Jusqu'à présent, la ferme a produit de la viande et du lait; ce dernier est vendu au détail à Mirecourt; mais en raison de la difficulté du service, ce second mode de produit sera remplacé par l'élevage au pâturage en liberté.

Cette année, l'expérience suivante a été faite sur 3 sujets provenant :

1º D'une vache de 10 ans, race Durham du poids de 660 k. produit à 6 mois . . . . 307 kil.

2º D'une vache de pays de 3 ans, du poids de 430 kil., produit à 4 mois. . . . . 182 kil.

3º D'une génisse de 18 mois de pays du poids de 275 kil , produit à 4 mois. . . . . 177 kil.

Les veaux ont été mis sur le pré 8 jours après leur naissance; moitié seulement du lait de la mère leur était abandonné.

Clôture.

La clôture adoptée à la ferme est très simple et peu coûteuse : des pieux de toutes provenances, coupés à 1 mètre 90 de longueur, sont plantés en terre à une profondeur de 0 m. 50 à 0 m. 60, et à une distance de 4 m 00 ; dans chaque pièce, un 1er trou est pratiqué à 0 m. 40 au-dessus du sol et un second à 0 m. 80 au-dessus du 1er. On passe un fil de fer nº 24 par ces trous et, à égale distance des 2 fils, un câble hérisson galvanisé et attaché intermédiairement avec de petits crampons. Cette clôture, qui revient de 32 à 35 cent. le mètre courant, est suffisante et ne présente aucun danger, ainsi que a prouvé une expérience de 2 ans.

Un essai a démontré qu'il ne fallait pas englober de portions de forêt dans un parc.

Création de prairies naturelles.

On a d'abord procédé aux gros travaux de nivellements, en ayant soin de régler la surface avec la terre arable des déblais.

A la partie supérieure, il a été établi des canaux de 2 m. 50 de largeur sur 0 m. 40 de profondeur. Ces canaux sont destinés à recevoir les eaux pluviales provenant des champs et à les dériver dans des rigoles d'irrigation. Ils servent aussi à garer la récolte de la vase en temps d'orage.

Déchaumage.

Tous les ans, après la moisson, toutes les terres, où il n'y a point de prairies semées, sont déchaumées au scarificateur, pour faire germer les mauvaises graines et les détruire.

Défoncement.

Après les semailles d'automne, si le temps le permet, on défonce quelques hectares de terre ; voici comment on procède : Une première charrue exécute un labour de 20 à 25 centimètres et, immédiatement derrière, suit une sous-soleuse qui déchire le sous-sol en l'ameublissant à une profondeur de 15 à 18 centimètres.

Le sol se trouve ainsi remué à 40 centimètre environ de profondeur, tout en laissant la couche fertile à la superficie.

Il a été établi à la ferme une maréchalerie et une charronnerie, où les élèves sont exercés à tour de rôle.

Matériel.

Tous les instruments perfectionnés d'extérieur et d'intérieur, employés dans le pays, sont à la ferme.

RAPPORT

DE LA

COMMISSION D'HISTOIRE

ET D'ARCHÉOLOGIE

SUR LE CONCOURS DE 1884

Par M. Paul CHEVREUX

La Commission d'histoire et d'archéologie de la Société d'Emulation a eu, pendant l'année qui vient de s'écouler, la bonne fortune de recevoir un nombre assez respectable de travaux intéressant chacune des trois branches de ses études : l'histoire, l'archéologie et la philologie vosgiennes. Elle a pu présenter à la Société plusieurs mémoires qui ont été jugés dignes de figurer dans ses Annales ; et des récompenses ont été décernées aux auteurs d'ouvrages dont quelques-uns sont pour l'histoire des Vosges d'un intérêt considérable.

HISTOIRE

Parmi les travaux historiques qui ont été présentés à la Société cette année, il faut citer en première ligne l'œuvre d'un de nos membres correspondants, M. Félix Bouvier, *La Révolution dans les Vosges,* qui a paru au commencement de cette année. Ce n'est pas ici l'occasion, dans ce rapport sommaire d'un de vos comités, de parler longuement de ce travail que beaucoup d'entre vous ont lu et reliront encore. Le volume de M. Bouvier est avant tout une œuvre d'exactitude, d'impartialité et de patriotisme. Dans le récit de cette période tourmentée de 1789 à l'an VIII, aucun fait n'est avancé sans preuve, et l'amour ardent de la patrie française, si bien défendue par les Vosges en 1792, anime toutes les pages.

« Trois ans durant, dit M. Bouvier dans son introduction, cet humble livre a été ma vie; j'ai feuilleté, tout ému, les registres poussiéreux des délibérations, les arrêts, les proclamations, les pièces innombrables de ce temps; j'ai parcouru, les yeux pleins de larmes, les pages qui contaient l'héroïsme de nos ancêtres aux armées, leur fermeté dans les assemblées, leur prévoyance dans les administrations. J'ai vécu un moment de leur vie, et suivi pieusement la trace de leurs pas. Je les admirais et je les enviais, eux qui sont morts après avoir vaincu ! » Ces quelques lignes de préface indiquent exactement le caractère et l'esprit de l'ouvrage, dont la place est marquée dans la bibliothèque de tout vosgien fier du passé de son pays. Votre Commission, Messieurs, eût été unanime à vous demander pour M. Bouvier, cette année, l'une de vos plus hautes récompenses. Mais l'auteur a manifesté lui-même son désir de concourir pour le prix quinquennal fondé par M. Masson, dont il est un des descendants. Or, le prix Masson ne devant être décerné qu'en 1886, nous avons dû renvoyer à l'année prochaine, pour ce concours spécial, l'œuvre importante et remarquable de M. Félix Bouvier.

Si l'histoire moderne tient une large place dans le concours de cette année, les recherches sur le moyen-âge en Lorraine n'ont pas été pour cela négligées. Un des écrivains les plus érudits et les plus féconds de notre province, collaborateur assidu de la Société des Antiquaires de France, de l'Académie de Stanislas, de la Société d'archéologie lorraine, M. Léon Germain, a présenté à notre concours les nombreuses brochures qu'il a publiéeset qui ne s'élèvent pas à moins de trente-cinq. Toutes sans exception s'occupent de l'histoire de Lorraine, et quelques dissertations, telles que celles sur les *Armoiries de Gérardmer* et sur la prétendue noblesse des gentilshommes verriers, se rapportent directement aux Vosges. Parmi ces ouvrages, nous en citerons deux qui s'occupent d'une façon plus particulière d'art et d'histoire de l'art : d'abord une notice sur le lit célèbre d'Antoine, duc de Lorraine, et de la duchesse Renée de Bourbon, qui figure au Musée lorrain et que connaissent bien les visiteurs, et une notice sur la famille de Richier, le grand sculpteur lorrain, l'auteur du *Sépulcre de Saint-Mihiel*. Les ouvrages de M. Léon Germain sont une mine féconde de renseignements historiques intéressants et curieux. Votre Commission vous propose de décerner à l'auteur une médaille d'argent (grand module).

A côté de ces travaux, dus à des écrivains érudits et versés dans l'étude des sciences historiques, nous avons à vous signaler un essai de monographie communale, qui, pour être plus modeste, n'en mérite pas moins de fixer votre attention et de recevoir vos encouragements. M. Jules Dubois, membre de notre Société, conseiller d'arrondissement, nous a présenté une *Notice sur Martigny-les-Bains et ses environs*. Cette monographie, que l'auteur a cherché à rendre aussi complète que possible, est accompagnée de cartes, plans, et de curieuses reproductions de dessins anciens. Peut-être pourrait-on désirer quelques modifications dans le plan général de l'ouvrage, et demander la suppression de certains détails d'un caractère trop personnel. Malgré ces légères imperfections, d'ailleurs peu nombreuses, le travail de M. Dubois est rempli de faits intéressants, et il serait à désirer que toutes les communes vosgiennes eussent un historien comme lui. Votre Commission vous propose d'accorder à M. Jules Dubois une médaille d'argent.

Telles sont, Messieurs, les récompenses que nous avons à vous demander pour la section historique proprement dite. Il nous reste, en ce qui concerne les travaux d'histoire, à vous citer les intéressantes notices adressées à la Société par nos collègues : *La Maison d'Anjou-Lorraine et son héritage de Naples*, par M. de Boureulle ; et deux notes, l'une sur les *Bibliothèques religieuses de Remiremont*, l'autre sur *Les derniers Seigneurs de Bains-en-Vosges*, par M. Arthur Benoît, membre correspondant. Je ne puis ici que mentionner ces travaux, qui ont été jugés dignes de l'insertion dans les *Annales* de notre Société,

et que vous aurez, Messieurs, très prochainement le plaisir de
lire dans notre volume annuel.

ARCHÉOLOGIE

Si, tous les ans, votre Commission peut vous parler des
ouvrages d'histoire soumis à son examen, elle n'a pas tous les
ans à vous rendre compte des fouilles archéologiques entreprises sous son patronage. Les fouilles, si intéressantes qu'elles
soient, coûtent cher, et les ressources modiques de la Société
ne sont pas toujours à la hauteur de sa bonne volonté. Cette
année, cependant, des fouilles importantes ont été exécutées
dans un tumulus du bois de Trusey, commune de Chaumousey. La direction de ces fouilles, comme vous le devinez sans
peine, avait été confiée au plus persévérant et au plus heureux
des chercheurs, à M. Voulot, le savant conservateur de notre
Musée départemental. Les fouilles ont commencé le 28 mai
de cette année, et se sont terminées au mois de juin. Le
tumulus de Chaumousey a fourni une ample récolte d'objets
de bronze, de fer, de pierre, de céramique, et a présenté plusieurs particularités qui en font un des plus curieux vestiges
de l'époque hallstattienne.(1) Le Musée départemental conserve
les objets, colliers, fibules, etc. qui ont été trouvés dans ces
fouilles, et vous avez pu déjà les voir exposés dans l'une des
salles. Quant au récit détaillé de ces fouilles, nous vous ren-
voyons, Messieurs, au rapport circonstancié et rempli de faits
intéressants que M. Voulot a adressé à votre Commission, et
qui figurera, *in-extenso*, dans les *Annales* prochaines de notre
Société. Nous pensons, Messieurs, être vos interprètes en
remerciant M. le Conservateur du zèle qu'il a déployé pour
mener à bonne fin ces fouilles depuis longtemps projetées, et
enrichir encore d'objets précieux la collection déjà riche de
notre Musée départemental.

(1) V. Rapport de M. Voulot.

PHILOLOGIE

Après vous avoir parlé d'histoire et d'archéologie, il nous reste à vous rendre compte de travaux présentés à votre Commission, et se rattachant à un ordre d'études qui n'avait que bien peu d'adhérents autrefois dans les Vosges, mais qui s'est peu à peu et largement développé dans notre département, grâce aux efforts persévérants de notre secrétaire perpétuel, M. Haillant, grâce surtout aux exemples qu'il a fournis aux chercheurs : je veux parler de la philologie.

Il nous a été présenté deux études de philologie ; l'une est intitulée : « *Observations sur le patois de Cornimont*, suivies d'un petit dictionnaire des mots patois les plus en usage dans cette localité, » par M. A. Didier, fils, de Cornimont; la seconde est un « Mémoire sur le patois et les noms propres du Val-d'Ajol et de quelques localités voisines », par M. Lambert, ancien professeur à Remiremont. — Ces études, bien que de valeur inégale, présentent toutes deux un réel intérêt; le première, due à M. Didier, sur le patois de Cornimont, demanderait à être complétée ; la seconde, œuvre de M. Lambert, sur le patois du Val-d'Ajol, plus étudiée, gagnerait cependant à être privée de diverses appréciations personnelles, dont la place n'est pas indiquée dans l'étude essentiellement scientifique d'un idiome patois. Votre Commission vous propose de décerner une médaille d'argent à M. Lambert, et une mention honorable à M. A. Didier.

En vous rendant compte de ces ouvrages, je disais tout à l'instant que M. Haillant, notre dévoué secrétaire perpétuel, avait été, dans les Vosges, le véritable créateur des études philologiques. Je ne puis mieux terminer ce rapport qu'en vous rappelant, Messieurs, les éloges décernés à notre collègue par les philologues les plus illustres pour ses travaux sur le patois des Vosges. Cette année, la Société a voté, à l'unanimité, sur le rapport de notre regretté vice-président, M. Tanant, l'impression du *Dictionnaire phonétique et étymolo-*

gique du patois d'Uriménil, travail de patience et de longue haleine, disait alors le rapporteur, précédé d'une introduction simple, méthodique, qui fait comprendre en quelques mots toute l'économie de l'ouvrage. Vous apprendrez avec plaisir, Messieurs, que l'œuvre de M. Haillant a reçu récemment la plus haute approbation: M. le Ministre de l'Instruction publique, sur le rapport du Comité des travaux historiques, a accordé à la Société d'Emulation une subvention de 400 francs, spécialement affectée à l'impression du *Dictionnaire*, dont la première partie vient d'être publiée. Et vous vous joindrez à votre Commission pour adresser de nouvelles félicitations à notre collègue, que ses travaux remarqués en philologie n'empêchent pas de remplir, à la satisfaction de tous, ses délicates et attachantes fonctions de secrétaire perpétuel.

La bienveillance avec laquelle vous venez d'entendre l'énumération et le compte-rendu sommaire des travaux soumis à votre Commission, les applaudissements dont vous saluez les lauréats de nos concours, nous sont une preuve, Messieurs, de l'intérêt que vous portez aux études historiques et archéologiques, et de l'attachement que vous ressentez pour cette terre vosgienne, dont le passé, grâce à des recherches incessantes, se dévoile chaque jour à nos yeux.

RAPPORT

DE LA

COMMISSION SCIENTIFIQUE ET INDUSTRIELLE

SUR LES RÉCOMPENSES

Décernées en 1885

Par M. Ch. LEBRUNT

Vice-président de la Société

———

Messieurs,

Les récompenses promises par notre Société *aux inventions et perfectionnements dans les arts mécaniques et industriels* n'ont tenté personne cette année ; nous n'avons donc à ce sujet qu'à exprimer un regret, et malheureusement, ce n'est pas pour la première fois.

Le concours ouvert *aux Mémoires scientifiques*, etc., ne vous a valu que deux travaux : un *Catologue de plantes* des environs de Cornimont, et une *Description géologique des Vosges*.

Le Catalogue de plantes pourrait être plus complet et plus méthodique ; et nous y avons relevé quelques erreurs de détermination. Malgré ces critiques, la Commission a été d'avis que l'auteur, qui est jeune et qui pourra certainement poursuivre ses études avec fruit, mérite un encouragement, et elle confirme la mention honorable qui vient de lui être accordée dans un autre concours pour un travail philologique.

Un mémoire intitulé : *Description géologique des Vosges au point de vue agricole* a été adressé par M. Ch. Durand, professeur à l'Ecole supérieure à Nancy. « Dans cette étude, dit le rapport de M. Ména, la question agricole est à peine effleurée ; aussi, il a semblé à la Commission d'agriculture, à laquelle le travail avait été primitivement transmis, que l'œuvre de M. Durand devait être renvoyée à la Commission scientifique pour être examinée au point de vue de la description scientifique des terrains. L'avis de cette dernière Commission est que l'ouvrage a une valeur incontestable ; les terrains sont décrits avec soin et d'une manière complète ; les fossiles caractéristiques sont désignés pour la plupart ; elle estime qu'une médaille d'argent serait une récompense bien méritée pour l'auteur de cette description géologique du département. »

Mais si votre Commission scientifique et industrielle a dû constater le peu de résultat de ses deux premiers concours, elle est heureuse de dire que les primes promises annuellement *aux bons et longs services des ouvriers et employés des fabriques et des ateliers* sont toujours ambitionnées. Depuis dix ans que vous avez inscrit cet ordre de récompenses dans vos programmes, plus de cent bons ouvriers ont reçu 94 médailles et des primes dont le total atteint la somme de 3,000 fr. Non-seulement les patrons nous signalent leurs ouvriers et employés méritants ; mais souvent, ce qui prouve qu'ils reconnaissent à nos distinctions une influence moralisatrice, ils augmentent nos ressources par des dons importants pour lesquels nous leur adressons ici tous nos remercîments.

Bons et longs services, c'est-à-dire moralité, honnêteté, assiduité au travail, fidélité aux patrons, tels sont les titres communs à nos onze lauréats, que je vais avoir l'honneur de vous présenter.

M. *Peultier, Jean-Del,* âgé de 55 ans, travaille, depuis 1850, à la féculerie qui appartenait autrefois à M. Jeanjacquot, et aujourd'hui à M. Jean-Dominique Mangin, à Géroménil. Sur les certificats favorables du patron et de M. le maire de Hadol, nous rappellerons à M. Peultier la médaille d'argent qu'il a reçue le 16 novembre 1876, et nous y ajouterons une prime de 25 fr.

Trois demandes nous sont arrivées de la Manufacture Flageollet, de Vagney. Nous regrettons de n'avoir pu accueillir la dernière, pour l'unique motif qu'elle a été présentée trop tard : elle pourra être examinée à un prochain concours. Les deux autres sont faites en faveur de M. *Mourey, Jean-Pierre*, contre-maître de carderie, âgé de 68 ans, et de M. *Martin, Jean-Baptiste*, contre-maître de construction, âgé de 61 ans. Ils sont entrés dans l'établissement, le premier, le 8 août 1844, et le second le 18 juillet 1853. « Depuis cette époque, dit M. le Directeur de la manufacture, nous n'avons eu qu'à nous louer de leur conduite, de leur probité et de leur travail. » La Société d'Émulation va récompenser leurs bons services en remettant à chacun une médaille d'argent et une prime de 30 fr.

Cette année, comme les années précédentes, c'est dans les établissements de Docelles que nous avons le plus grand nombre de récompenses à donner, à des ouvriers et à des familles, dont on ne peut trop citer comme exemple la fidélité constante et dévouée aux patrons.

A la papeterie de Vraichamp, de MM. Ch. et veuve Félix Claudel, on nous a signalé : M. *Cuny, Nicolas*, né à Anould en 1831, entré, en 1849, à l'usine, qu'il n'a quittée que pour ses sept années de service militaire ; et M. *Julien, Eugène*, né à Docelles en 1836, et ouvrier à la papeterie depuis 1848, sans interruption. Le patron a déclaré que ces deux ouvriers ont toujours travaillé à son entière satisfaction ; que leur conduite a constamment été irréprochable, en un mot, qu'il n'a qu'à se louer [de leurs bons et loyaux services. Ils viendront tout à l'heure recevoir chacun une médaille d'argent et une prime de 40 fr.

Dans l'établissement de MM. Boucher, nous donnons aussi deux récompenses. M. *Villemin, François*, est né en 1832, à l'usine, où il a commencé tout jeune à travailler ; il l'a quittée un moment pour suivre sa famille ; mais, aussitôt marié, il y est rentré, et, depuis 30 années, on le cite comme un homme sobre, laborieux, dévoué : il mérite une médaille

d'argent et une prime de 50 fr. — M. *Noel, Charles-Louis,* a
d'abord été un ouvrier auquel on a toujours confié un travail
délicat, demandant de l'intelligence et beaucoup d'assiduité ;
il est devenu contre-maître, et les patrons sont certains qu'il
occupera toujours ce poste à leur entière satisfaction. Bien
que M. Noel compte 33 années de services, il n'a que 47 ans,
c'est-à-dire qu'il est relativement jeune encore. Lorsqu'il se
sera corrigé de cette qualité, ce dont nous ne doutons pas,
nous serons heureux de le revoir et de le proposer pour une
médaille supérieure. En attendant, nous lui donnerons aujourd'hui une médaille d'argent de 1ʳᵉ classe, avec une prime
de 50 fr.

A la papeterie de Lana (veuve Krantz frères), nous avons
à récompenser deux ouvriers qui sont dignes de notre plus
bienveillante attention pour leur attachement à leurs maî-
tres. M. *Demangeon, Nicolas-Eugène,* est né à Docelles en 1835 ;
il est à l'usine depuis 1848, et il y occupe actuellement le
poste de conducteur à la machine à papier. Son frère, M. *Demangeon, Charles-Nicolas,* qui compte 10 années de services de
plus que lui, a reçu de la Société d'Émulation, au concours
de 1881, une médaille d'argent avec une prime de 50 fr. Dès
aujourd'hui, M. Demangeon, Nicolas-Eugène, pourra montrer la même médaille, à laquelle nous joindrons une prime
de 30 fr. à ses quatre enfants, dont les trois aînés travaillent
déjà dans le même établissement que leur père. — M. *Létang,
Joseph-Eugène,* est né en 1830 ; il est entré à la papeterie de
Lana en 1843 ; il n'en est sorti que pour satisfaire à la loi
militaire. Il est actuellement chauffeur ; et ses 38 années d'excellents services justifient amplement la médaille d'argent
qui va lui être remise, avec une prime de 40 fr.

Les récompenses que vous décernez, Messieurs, portent
leurs fruits. Je n'en veux pour preuve que la présence ici du
dernier lauréat dont je viens de parler. Le nom de Létang ne
nous était pas inconnu. A notre séance solennelle et publique
du 16 novembre 1876, M. Le Moyne, notre président actuel,

rapporteur alors de votre Commission, disait : « Létang, François, né à Docelles en 1802, ouvrier papetier depuis 1823, à l'usine de Lana, où son fils travaille avec lui, excellent ouvrier et bon père de famille, a bien gagné la médaille d'argent de 1re classe et la prime de 40 fr. » Ce fils, dont il était question, c'est Létang, Joseph-Eugène, que nous venons de primer. Mais ce père qui, malgré son grand âge, aide encore son fils dans le poste qu'il occupe, nous avons pensé qu'il méritait autre chose qu'un simple rappel pour ses 62 années consécutives de bons services. Aussi, c'est notre plus haute récompense, une médaille de vermeil, que nous vous avons demandée pour couronner cette longue carrière ; et je suis certain que l'assemblée saluera de ses plus sympathiques applaudissements ce père, de 83 ans, et ce fils, de 55 ans, qui vont venir ensemble, dans un instant, recevoir leurs médailles.

RÉCOMPENSES

DÉCERNÉES PAR

LA SOCIÉTÉ D'ÉMULATION DES VOSGES

dans sa Séance publique
et solennelle du 17 décembre 1885

~~~

Sur les rapports des diverses Commissions, la Société d'Emulation des Vosges a décerné les récompenses suivantes :

CONCOURS AGRICOLES OUVERTS
SPÉCIALEMENT, EN 1885,
DANS L'ARRONDISSEMENT DE MIRECOURT (1)

M. le Ministre de l'Agriculture a bien voulu accorder, en 1885, à la Société d'Emulation, une allocation de treize cents francs, pour primes aux améliorations agricoles.

EXPLOITATIONS BIEN DIRIGÉES

M. *Pâté*, Prosper, à la Grange Bâtin, près de Darney, médaille de vermeil grand module et prime de 300 francs.

M. *Chassard*, Auguste, cultivateur à la Rue-

____

(1) Le concours *agricole* sera ouvert en 1886 dans l'arrondissement de Saint-Dié, en 1887 Epinal, en 1888 Neufchâteau, en 1889 Remiremont.
~~~

sous-Harol, médaille d'argent grand module et prime de 100 fr.

MÉMOIRE AGRICOLE

M. le Dr *Liégey*, à Choisy-le-Roi, médaille de vermeil grand module pour son mémoire manuscrit : *De la multiplication des arbres à cidre dans les Vosges.*

CRÉATION ET AMÉLIORATION DE PRAIRIES

M. *Denet*, Jean-Joseph, à Derbamont, médaille d'argent et prime de 100 fr.

M. *Colin*, Charles-François, cultivateur à Derbamont, médaille d'argent et prime de 70 fr.

M. *Morquin*, Joseph, cultivateur à Relanges, médaille d'argent et prime de 70 fr.

M. *Brunecher*, Théophile, cultivateur à Relanges, médaille d'argent et prime de 70 fr.

M. *Grandjean*, Albert, cultivateur à Thiraucourt, médaille d'argent et prime de 70 fr.

M. *Henry*, Louis, cultivateur au Ménil-s.-Harol, médaille de bronze et prime de 40 fr.

M. *Louis*, Ferdinand, cultivateur à La Rue-sous-Harol, rappel de la médaille décernée en 1880 et prime de 30 fr.

REBOISEMENTS

M. *Petit*, Louis, cultivateur à Darney, médaille d'argent et prime de 40 fr.

M. *Collardé-Martin*, propriétaire à Darney, médaille d'argent.

Mme veuve *Brunecher*, née Vilmorin, Marie, à Relanges, médaille de bronze et prime de 30 fr.

MISE EN VALEUR DE TERRAINS IMPRODUCTIFS

M. *Gaspard*, Georges, propriétaire à Darney, médaille d'argent.

APICULTURE

M. *Defrance*, Ernest, cultivateur à Langley, médaille d'argent et prime de 60 fr.

BONS SERVICES RURAUX

Mlle *Joyeux*, Rosalie, chez M. Chassard, Séraphin, à Harol, médaille d'argent et prime de 50 fr.

M. *Aubry*, Joseph, chez M. Henry, François, à La Rue-sous-Harol, médaille de bronze et prime de 30 fr.

M. *Vauthier*, Eugène, chez Mme Martin, Mélanie, de La Neuveville-sous-Montfort, médaille de bronze et prime de 20 fr.

PARCAGE

M. *Drouin*, Désiré, propriétaire et maire au Ménil-en-Xaintois, médaille de vermeil grand module (Prix Claudel).

CONCOURS D'HISTOIRE ET D'ARCHÉOLOGIE

M. *Germain*, Léon, archéologue, 26, rue Héré,

à Nancy, médaille d'argent grand module pour ses études d'histoire lorraine.

M. *Dubois*, Jules, propriétaire à Martigny-les-Bains, médaille d'argent pour son manuscrit : *Notice sur Martigny-les-Bains et ses environs.*

M. *Lambert-Thiriet*, ancien professeur à Remiremont, médaille d'argent pour son manuscrit : *Essai sur le patois et les noms propres du Val-d'Ajol et de quelques localités voisines.*

M. *Didier*, Alphonse, ouvrier à Cornimont, mention honorable pour ses deux manuscrits : *Observations sur le patois de Cornimont*, et *Catalogue des plantes des environs de Cornimont.*

CONCOURS SCIENTIFIQUE ET INDUSTRIEL
RÉCOMPENSES
AUX OUVRIERS ET EMPLOYÉS DE L'INDUSTRIE POUR BONS ET LONGS SERVICES

MÉMOIRE SCIENTIFIQUE

M. *Durand*, Charles, professeur à l'Ecole supérieure de Nancy, médaille d'argent, pour sa *Géologie des Vosges.*

BONS ET LONGS SERVICES

M. *Peultier*, Jean-Del, manœuvre à Géroménil, commune de Harol, rappel de la médaille qui lui a été décernée en 1876, et prime de 25 fr.

M. *Mourey*, Jean-Pierre, contre-maître de carderie à la manufacture de MM Flageollet, de Vagney, médaille d'argent et prime de 30 fr.

M. *Martin*, Jean-Baptiste, contre-maître de construction à la même manufacture, médaille d'argent et prime de 30 fr.

M. *Cuny*, Nicolas, ouvrier à la papeterie Ch. et veuve F. Claudel, à Vraichamp, commune de Docelles, médaille d'argent et prime de 40 fr.

M. *Julien*, Eugène, ouvrier à la même papeterie, médaille d'argent et prime de 40 fr.

M. *Villemin*, François, ouvrier à la papeterie de M. Boucher, à Docelles, médaille d'argent et prime de 50 fr.

M. *Noël*, Charles-Louis, contre-maître à la même papeterie, médaille d'argent grand module et prime de 50 fr.

M. *Létang*, François, ouvrier à la même papeterie, médaille de vermeil grand module.

M. *Demangeon*, Nicolas-Eugène, conducteur de machines à la papeterie de Lana, dirigée par MM. Krantz, frères, à Docelles, médaille d'argent et prime de 30 fr.

M. *Létang*, Joseph-Eugène, chauffeur à la même papeterie, médaille d'argent et prime de 40 fr.

www.ingramcontent.com/pod-product-compliance
Ingram Content Group UK Ltd.
Pitfield, Milton Keynes, MK11 3LW, UK
UKHW021627090726
13657UKWH00004B/1517